AF381043

Numéro de Copyright

00071893-1

NATURE

Juillet 2021

Récit

« À nos petits Anges »

© 2021 Jose Miguel Rodriguez Calvo
Édition : BoD – Books on Demand,
12/14 rond-point des Champs-Élysées, 75008 Paris
Impression : BoD - Books on Demand,
Norderstedt, Allemagne

ISBN : 9782322379507
Dépôt légal : Juillet 2021

NATURE

Récit

José Miguel RODRIGUEZ CALVO

Ma Citation du jour

« Les quatre saisons sont avec les quatre points cardinaux, les repères qui rythment et orientent notre vie »

(Jose miguel rodriguez calvo)
21 Juillet 2018

1

Printemps

Le printemps ! Le printemps ! Rien que d'entendre ce mot, cela met du baume au cœur, quel joli nom !
« Printemps ».
C'est avec envie, impatience, empressement et enthousiasme qu'on l'attend, il tarde toujours à venir, il se fait désirer comme une belle demoiselle, il nous

fait languir et parfois, joue même le capricieux et le roublard.

Il montre le bout de son nez, et disparaît pendant quelques jours, puis il revient. Va-t-il rester, rien n'est moins sûr car il est farceur et malicieux, pourtant nous sommes bien le vingt et un mars. Allez, arrête de faire ton intéressant, arrête de bouder, on sait que tu es beau, admirable et superbe, alors ne fais pas le vaniteux.

Nous savons que tu es aimable et gracieux, et même si l'on sait que tu aimes te faire flatter, tu es altruiste et généreux, oui, très généreux, tu débordes de générosité. Il n'y a qu'à voir cette profusion de vie que tu apportes avec toi, cette débauche d'abondance démesurée que tu nous offres avec ton inégalable gratitude.

Et en échange de quoi ?

De rien, tu es comme cela, c'est ta nature, parce que tu es généreux et magnanime à souhait.

En quelques jours, le monde change, il se transforme et se métamorphose, c'est captivant, oui, tu nous ébahis, tu bouleverses tout autour de nous, d'un coup de baguette magique.

Mais comment fais-tu cela ? Quel est ton pouvoir ?

Les arbres fourbus et décharnés bourgeonnent et en quelques jours, se couvrent d'un joli manteau vert, les plantes et les fleurs multicolores percent cette croûte stérile et aride et prennent possession du moindre lopin ou bribe de terre pour « se faire une place au soleil ».

Les animaux, mammifères ou insectes, émergent de leur longue hibernation, comme si leurs réveils avaient sonné en même temps.

— Allez ! Il est grand temps de se réveiller et de se mettre au travail ! *« Le dernier debout est une mauviette »*.

Et c'est la course, que dis-je, le marathon, à celui qui s'appropriera la meilleure place, le lieu le plus adéquat et judicieux pour construire son nid, creuser son terrier où trouver son sûr et confortable refuge et il faut très vite s'atteler à la tâche.

Eh oui ! Le temps est venu de procréer et pour cela, de trouver son ou sa partenaire et bien entendu, pour les femelles, de choisir le mâle le plus beau et fort, qui soit en mesure de défendre la tribu et d'éloigner les inopportuns intrus qui ne manqueront pas de venir importuner et troubler la quiétude et la sécurité.

Car c'est la loi du plus fort qui règne en maître dans la nature, alors il faut être prêt à se défendre bec et ongles pour soi et sa progéniture.

Mais cela tu le sais, c'est ancré en toi, dans tes gènes depuis le début des temps et c'est peut-être pour cela que ce monde parfois cruel est si beau et si parfait.

Nous les humains, avons imaginé d'autres règles en inventant d'innombrables codes de conduite pour nous préserver de cette épouvantable loi de la jungle, mais sommes-nous pour autant davantage à l'abri et plus heureux ? Permettez-moi d'en douter.

Alors oui ! Le top départ est donné, maintenant tout le monde s'attelle à la tâche, et chacun connaît sa besogne et l'exécute avec opiniâtreté, assiduité et maîtrise.

Pourtant, aucun de ces valeureux êtres n'a eu à faire de longues études, pas même une simple ébauche d'école primaire.

Et pourtant, leurs abris, terriers, et nids, sont de véritables œuvres d'art, et que dire de l'ingéniosité des toiles d'araignée ou de la capacité d'évolution et de transformation de la repoussante chenille qui se métamorphose en magnifique papillon ?

Oui, comme nous sommes petits, nous, les humains. Que de travail, que de temps passé ne serait-ce que pour acquérir les bases nécessaires pour construire notre abri ?

Et la profusion et démesure de variétés de plantes plus splendides et luxuriantes les unes que les autres, quel foisonnement, quelle prolifération et que de richesse et de beauté !

Les champs et les collines se couvrent d'un magnifique manteau émeraude, le soleil devient chaque jour plus présent et s'élève peu à peu plus haut dans la voute céleste.

L'air désormais est plus tiède et caressant et des senteurs et subtils parfums l'embaument.

Nos arbres fruitiers vont très vite se parer de fleurs, semblables à un feu d'artifice, prêts à célébrer une fête, la fête du printemps.

En parlant de fête, tu en es aussi prodigue et généreux, et s'il en est une qui nous vient de suite à l'esprit parmi tant d'autres, c'est bien celle de Pâques.

Même si elle est célébrée comme une fête religieuse chrétienne ou juive, elle était déjà établie dans l'Antiquité pour magnifier le renouveau, le réveil, la reprise ou la renaissance de la vie.

Elle est variable et bien que si en règle générale elle est célébrée début avril, sa date diffère chaque année.

Pour les enfants, et nous sommes tous des enfants, cette fête est synonyme de cloches de lapins ou d'œufs en chocolat que l'on chasse avec exaltation et délice le dimanche de Pâques.

Une autre bien jolie fête, d'une importance considérable que tu nous offres invariablement est le 1er mai, qui consiste à offrir traditionnellement un brin de muguet aux personnes proches ou aimées, afin de leur porter bonheur.

Cette coutume remonte chez nous à la Renaissance, mais les Celtes et les Romains lui accordaient déjà cette qualité et cette vertu.

Le 1er mai est aussi la fête du Travail et son association avec le muguet fut officiellement instituée par le Maréchal Pétain, comme journée de la concorde sociale.

Pour les travailleurs, ce jour est une fête internationale qui leur permet de célébrer de multitudinaires rassemblements revendicatifs.

La fête des mères, comme celle de Pâques, est variable, mais en règle générale, nous la célébrons le dernier dimanche de mai.

Elle n'est pas récente. D'ores et déjà dans l'Antiquité, en Grece ou à Rome, on célébrait la fête des mamans.

C'est une occasion pour les enfants mais aussi pour les adultes, d'avoir une pensée pour elles et de leur offrir un petit présent en guise de reconnaissance de tant d'amour et d'attention.

Et nous pourrions continuer à les énumérer car elles sont nombreuses, religieuses ou non, mais démeurent opportunément une occasion de se réjouir et festoyer. Oui ! Toi le printemps, tu nous rends meilleurs, plus attentionnés et optimistes. Avec toi, notre moral, tout comme notre carnation, reprennent des couleurs, notre expression et notre mine désormais soulignées d'un large sourire, s'illuminent.

Et puis, tu nous rends plus beaux, plus sûrs de nous et authentiques, notre comportement affirmé nous donne des ailes et plus rien ne nous semble inatteignable.

Oui ! Printemps, tu as aussi tous ces pouvoirs et bien d'autres vois-tu, que deviendrions-nous sans toi ?

Mais soyons rassurés, car même si tu vas inévitablement céder la place à ton ami l'été, nous avons la certitude de te retrouver de nouveau l'année prochaine et nous allons tous t'attendre avec impatience et fébrilité.

Pourtant, nous ne sommes pas tendres avec toi, parce que nous, les humains, sommes les seuls êtres disposés à détruire sans vergogne ni remords tout ce que tu t'es évertué à construire et magnifier pendant des millénaires, au bénéfice de notre mesquin avare et minable plaisir immédiat et cela, sans nous soucier ne serait-ce qu'un instant de l'avenir de notre planète, terre dont tu t'acharnes malgré tout, à rendre belle et agréable.

Et nous, que faisons-nous ?

Détruire sans le moindre remords ton œuvre, ta magnifique et majestueuse création.

Nous rasons tes forêts, nous bétonnons tes magnifiques prairies, nous polluons tes océans et tes rivières et ainsi rendons irrespirable et toxique, ton air aux multiples parfums de senteurs sauvages.

Et tout cela au nom de l'évolution et la modernité.

« Pauvres Diables que nous sommes », comme dirait un certain crooner espagnol.

Quelle erreur, tant d'aveuglement tant d'inconscience, quelle ignoble obstination !

Pourquoi nous, les êtres *« supérieurs »*, ne voyons-nous pas que notre obscur entêtement nous mène tout droit à la destruction, et au cataclysme qui finira par le total anéantissement de notre inestimable planète ?

Alors, il est grand temps de prendre conscience et de suivre ton exemple, si nous voulons survivre, il faut revenir à un mode de vie plus respectueux de tes consciencieux et vertueux apports, sans pour cela renoncer aux bienfaits que peut nous apporter le progrès, car il ne s'agit pas de le bannir ni de l'ignorer, mais de tout simplement le contrôler et le rendre compatible avec la magnanime exemplarité de la nature.

Oui Printemps ! Tu peux nous aider, tu es le miroir dans lequel nous devons nous regarder pour voir l'exemple et la voie à suivre, parce que tout chez toi est parfait, tout a été pensé et réfléchi et rien dans ton univers, n'est ébauché ni improvisé.

Quelle leçon tu nous donnes là, puisque cette nature *« sans sagacité ni intellect »* nous dépasse allégrement à tous les niveaux.

Alors respect ! Oui, respect ! Essayons pour une fois de nous servir de cette intelligence qu'on arbore avec tant d'arrogance et de mépris, pour qu'elle nous serve à respecter notre admirable nature sans laquelle nous ne serions pas là.

Et si nous persévérons à la faire disparaitre, nous nous éteindrons irrémédiablement avec elle.

Alors ? Nous n'en avons pas le droit ! Non !

Donc essayons de conclure un pacte, oui, un pacte de non-agression : nous pouvons continuer d'évoluer, innover, inventer et nous moderniser à notre aise, mais avec parcimonie et sans ce déferlement d'agressivité et de méprisante irruption.

Nous pourrions alors cohabiter avec une sage accointance et un respect mutuel, oui, cela est réalisable à condition d'optimiser au moins une infime partie de cette acuité que l'on nous attribue.

Alors, tout deviendrait possible, notre planète serait sauvée et nous retrouverions nos forêts et nos collines verdoyantes, nos rivières et nos mers limpides, cristallines et poissonneuses, et cet air pur qui viendrait doucement caresser notre joue avec placidité, tel une douce chaleur de soleil levant, comme un beau jour de printemps.

Cependant pour certains d'entre nous, le printemps n'est pas aussi généreux et bienfaisant que l'on pourrait croire. Eh oui ! Il a aussi ses défauts comme tout le monde, car qui n'en a pas ?

Parlons un peu de ces pollens produits par les arbres et les plantes, vous voyez tout de suite où je veux en venir.

Ils sont importants, nécessaires et vitaux pour la reproduction et donc la survie de chaque plante à graine, puisqu'il s'agit pour elles le seul moyen de se reproduire.

En effet, le pollen est l'élément mâle produit par les fleurs, qui, emporté par le vent ou par certains insectes comme les abeilles, permet la pollinisation et donc à la plante de germer.

À condition bien entendu que le minuscule grain de pollen, atterrisse sur le pistil d'une fleur femelle de la même espèce.

Voyons ! Je ne vais pas m'attarder davantage sur cet aspect de la vie intime des plantes dans lequel par pudeur je ne voudrais pas m'étendre davantage.

Et pourtant, ce sont bien ces minuscules particules qui circulent à profusion à des périodes bien précises qui sont à l'origine pour certains d'entre nous de sérieux tracas et déclenchent un grand nombre de bien désagréables allergies.

Elles vont dériver en une multitude de pathologies telles que le rhume des foins, des rhinites d'asthme, des conjonctivites pour ne citer qu'elles, pouvant même se transformer en de très graves épidémies.

Un autre méfait bien connu du printemps que nous avons tous subi un jour ou un autre, c'est le douloureux *« coup de Soleil »*.

Cette brulure très répandue, comme je l'affirmais précédemment, nous a tous touché et nous avons pu en ressentir ses fâcheux symptômes.

Dès les beaux jours, nous voulons tous redonner des couleurs à cette peau blanchie à l'extrême par de longs mois d'hiver, alors on se débarrasse avec empressement de tout vêtement superflu, pour profiter du moindre rayon de soleil, sans penser une seconde aux conséquences que nous pouvons imposer à notre peau fragilisée par ce long et extrême isolement durant les temps froids.

Mais cette ardente et brutale exposition, n'est pas sans conséquence pour notre corps.

Et il va très vite se manifester et nous le faire savoir.

Comme nous le savons tous, le bronzage résulte de l'exposition au Soleil.

Notre étoile qui pèse plus de trois cent mille fois plus que la Terre et qui se compose principalement d'hydrogène et d'hélium, est une considérable source d'énergie qui dégage une température d'environ six mille degrés à sa surface.

Cette phénoménale chaleur, émet différentes ondes et rayonnements de lumière, certains visibles et d'autres non, mais tous nous affectent d'une manière ou d'une autre, ainsi que notre environnement. Et parmi eux, nous avons, les ultraviolets, la lumière visible et les infrarouges.

Les infrarouges produisent surtout de la chaleur, mais les plus redoutables pour nous sont sans le moindre doute les UVB, car ils sont responsables des coups de Soleil, bien que cette énergie ait pour but premier de protéger notre peau, en lui offrant une teinte dorée que nous appelons bronzage.

Par conséquent, l'exposition abusive au Soleil, peut très vite tourner au drame pour notre santé, puisqu'elle va tout d'abord provoquer un vieillissement prématuré de notre peau et dans certains cas extrêmes, affecter notre système immunitaire, nous procurer des problèmes de cataractes, ou nous conduire jusqu'aux cancers cutanés.

Malgré tout, le Soleil procure aussi, et je dirai surtout, une multitude de bienfaits. Si l'on sait en faire bon usage, il est le meilleur remède contre les dépressions saisonnières provoquées par un manque de luminosité.

La lumière naturelle enduit presque immédiatement un bienfait palpable pour notre organisme, grâce à certaines hormones comme l'endorphine, qui entraînent un soudain sentiment de « *bien-être* ».

Le soleil permet aussi un considérable apport en vitamine D, indispensable pour nos os, mais attention, nous évoquons ici les rayons visibles et non des UV, d'où l'importance de rappeler d'éviter les expositions aux heures les plus agressives.

Alors comment profiter des bienfaits de notre soleil de printemps, sans en avoir à payer le prix fort ?

Comme nous l'avons vu précédemment, certains de ses rayons peuvent provoquer des graves cancers cutanés.

Et il en existe principalement deux types :

Les cancers non-mélanomes, et les cancers mélanomes.

Les premiers, les plus fréquents, sont dus à l'exposition aux UVB.

Les seconds, moins fréquents, mais bien plus graves, sont la cause d'une longue exposition pendant des années, voire dès l'enfance, par de longues et répétées exhibitions sans une protection adéquate.

Mais nous n'allons pas rester sur cette facette morose et pessimiste de notre belle, radieuse et magnifique saison, je ne serai, pas affable envers elle, qui est de loin notre plus agréable et bienveillante saison. Ne soyons donc pas ignobles ni injustes avec notre fastueuse saison.

2

Été

C'est parti ! Nous sommes le vingt-et-un juin, maintenant tout est en place, tout est agencé, arrangé et définitivement ordonné, chacun est à son poste et chaque chose à sa place.
Oui ! L'été, tu es là ! Toi, le roi de tous les excès, le prince de l'abondance et de la démesure, le patron de

l'exubérance, du trop-plein et de la folie, tout chez toi est trop, comble, luxuriance, débauche et démesure.

Puisque tu es généreux, oui, avec toi ce sont services et amour à tous les étages.

Et tu inculques ton rythme effréné à chaque être et à chaque chose et il est vrai que tes troupes te suivent avec ardeur et intempérance, sans la moindre faiblesse ni adynamie.

Commence alors la course effrénée.

Les arbres, les plantes, les fleurs et jusqu'au plus anodin brin d'herbe, veulent être les plus beaux, les plus verts, les plus grands, étant donné qu'il faut jouer des coudes pour se faire une place au Soleil et bénéficier de son indispensable chaleur et sa nécessaire et impérative luminosité indispensable au développement pour persister dans ce monde.

Chacun va déployer ses plus beaux atouts puisque la lutte des fleurs est rude, afin d'attirer les insectes qui viendront butiner les plus attrayantes et désirables d'entre elles et assurer leur pollinisation indispensable à leur seule raison d'être, la venue des si attendus fruits.

Et le même branlebas de combat se joue chez les insectes et les animaux, chacun va bâtir avec ardeur son chez-soi, pour y procréer en toute quiétude.

Cette même euphorie va aussi gagner les humains, mais nos pensées vont se tourner vers d'autres buts et activités.

Puisque pour nous, l'été est le temps des vacances, du « *farniente* » ou en tout cas, le moment de s'adonner à d'autres tâches ou d'autres occupations bien plus plaisantes, et dans ce domaine notre imagination est débordante.

Mais pas tout de suite, pour cela il faudra attendre avec beaucoup de résolution et de patience les mois de juillet et d'août, et cela va être long, très long, étant donné que notre corps et notre mental nous incitent chaque jour un peu plus à vouloir profiter de ta chaleur et de ta lumière qui nous attirent comme un aimant hors de nos logis et de nos bureaux.

Nous nécessitons ton soleil, et ta bienfaisante chaleur que nous avons tant attendue pendant ces interminables journées moroses et sombres, c'est même un besoin nécessaire et indispensable dont nous ne pourrions en aucun cas nous passer.

Alors oui, nous allons devoir les attendre, ces fameuses vacances d'été, mais roublards que nous sommes, nous allons grappiller ici et là quelques jours en prolongeant nos « *week-ends* », en faisant valoir nos RTT ou beaucoup moins avouable stratégie, en simulant une petite grippe ou maladie de ce genre, bien pratique quelquefois.

Et enfin après tant d'application et d'impétuosité, nous y arrivons, enfin pour la moitié d'entre nous, les « *juilletistes* », à nos si chers et précieux congés payés.

Pas question de perdre ne serait-ce qu'une seconde, notre destination a été naturellement préparée avec le plus grand soin, depuis longtemps, et nos valises sont déjà prêtes et remplies à ras bord, si bien, que, pour autant que nous prenions l'automobile, le train ou l'avion, tout est prêt.

Et là commence une véritable migration dans une cohue indescriptible et un affluent désordre difficile à décrire.

Naturellement, tout le monde cherche avec frénésie le convoité Soleil, alors on s'entasse comme on peut dans tous les moyens de transport, et nos autoroutes ressemblent à un flot ininterrompu de véhicules roulant au pas, lorsqu'ils ont la chance de pouvoir avancer.

S'en suivent les pique-niques improvisés sur le moindre carré d'herbe des aires d'autoroute, parce que le voyage est long et fatiguant, mais on sait qu'au bout se trouve la récompense tant attendue dont nous sommes prêts à tous les sacrifices et contre laquelle rien au monde ne nous détournerait de notre but.

On approche, plus que cent kilomètres, plus que cinquante, plus que dix.

Ah voilà ! Nous y sommes.

Nous avons eu beaucoup de chance, pas le moindre « *pépin* », pas même une roue crevée, quelle aubaine ! Alors vite, il faut décharger la voiture éreintée par le surpoids et la chaleur, mais personne ne pense à la remercier de nous avoir menés à bon port.

— *Quelle bande d'ingrats égoïstes, ils vont me le payer !*

Chacun dans son camping ou sa chambre d'hôtel, prend vite ses marques, et on s'empresse de choisir son maillot, laissant pour plus tard la corvée du rangement et vite tout le monde à l'eau.

Pour certains qui arrivent à la plage, il faut jouer des coudes pour ne serait-ce qu'apercevoir la mer, quant à trouver un minuscule carré non occupé, cela tient du miracle. Les places sont chères, demain il faudra se lever de bonne heure pour choisir un meilleur emplacement.

Mais peu importe, nous y sommes enfin et nous allons y rester la journée entière.

Effectivement, la journée s'achève et nous sommes toujours là, avec un peu plus de place désormais.

— 	Tu vois, on peut même étirer nos orteils !

Alors fourbus mais contents, on rentre et c'est à ce moment-là que les ennuis commencent.

Du plus grand jusqu'au cadet, tous arborent une peau rouge et bientôt, une insupportable douleur fait son apparition.

— 	Vite ! À la pharmacie !

Même si le Soleil est notre ami, il ne pardonne pas les excès et il nous impose quelques règles de base pour l'apprivoiser et le rendre notre allié.

Si sans le moindre doute, le printemps est la saison des fleurs, l'été est quant à lui celle des fruits, mais pas seulement, c'est aussi le temps des récoltes, de nombreux arbres fruitiers, ainsi que celui des fauchages des céréales, blé, orge, avoine, mais aussi du maïs et des tournesols.

Et en parlant des tournesols, quelle curieuse plante, elle s'évertue assidûment à suivre du matin jusqu'au soir le parcours du Soleil.

C'est à vous donner le tournis !

Ses fameuses graines nous fournissent une quantité non négligeable d'huile, mais sont aussi consommées par certains oiseaux et une fois séchées, salées et grillées, dans certains pays comme en Espagne, Israël et bien d'autres, comme fruits secs par les jeunes sous le nom de « *pipas* ».

Les récoltes des grandes plaines de céréales sont faites aujourd'hui par des engins de plus en plus efficients et sophistiqués, relayant à l'histoire le travail éreintant de ces labeurs des faucheurs munis d'outils rudimentaires, comme la faucille ou la faux.

Ces récoltes permettent la fabrication de farines diverses pour la consommation humaine et animale pour toute une année.

Oui l'été ! Tu es généreux, tu réchauffes nos corps et nos cœurs, tu nous enrichis en vitamines et compléments qui fortifient et corrigent nos carences, tu nous pourvoît en nourriture pour les temps des vaches maigres.

Heureusement que tu es au rendez-vous, car nous serions comme la cigale de « *La Fontaine* » dépourvue et marmiteuse, à la merci de l'anéantissement et d'un accablant tourment.

Mais tu es là ! Oui tu es bien là et tu nous apportes tout cela et bien plus encore.

Car l'été, c'est aussi le temps des fêtes, de l'outrance de la démesure et des folies.

C'est aussi le temps des rencontres et des amours qu'ils soient éternels ou éphémères.

Malgré tout, tu as aussi tes faiblesses et tes aléas, comme le printemps, tu n'es pas parfait.

Ta profusion et ton abondance, concernent aussi les nombreux insectes nuisibles comme les guêpes, les mouches et moustiques qui s'invitent volontiers lorsque nous passons à table ou décidons de prendre un bol d'air frais le soir venu, sur nos terrasses.

Et là, c'est un escadron, que dis-je, une véritable armada en rangs serrés qui déferle sur vous en quelques secondes « *Tora ! Tora ! Tora !* ».

Alors tous aux abris, puisque rien ne les arrête, et malgré notre inventivité et notre insistant acharnement nous n'avons pas encore trouvé l'arme fatale pour nous en débarrasser.

Nous pourrions aussi parler des vipères lézardant entre les hautes herbes qui couvrent les sentiers lors de nos agréables randonnées et qui n'hésiteront pas à se venger sur nos mollets si nous avons le malheur d'interrompre leurs immuables siestes au soleil.

Ou bien encore que dire de ces boules noires appelées oursins ou encore des élégantes méduses qui n'apprécient guère que l'on vienne les approcher lors de nos baignades, car à coup sûr nous sommes bons pour une visite à l'infirmerie.

Mais oublions un instant ces impitoyables et affligeants désagréments et soyons un peu plus positifs, puisque notre bel été, nous comble aussi de ses nombreuses journées festives que nous ne manquerions pour rien au monde.

Le tour ! Oui, le tour de France cycliste, cette véritable institution ! Il y a toujours une étape qui passe près de chez nous nous et celle-là, pas question de la manquer. Alors dès la veille, nous préparons nos tenues et nos drapeaux et au petit matin, nous voilà partis avec armes et bagages et lorsque je parle d'armes, ce sont les longs apéritifs que nous allons pouvoir savourer et partager avec d'autres « *aficionados* » sur le bord de la route, toujours à un endroit stratégique, naturellement.

Et en matière d'institutions, s'il y en a une d'immuable, c'est bien les quatorze juillets qui commencent par le fameux défilé militaire que nous allons pouvoir suivre sur nos écrans bien installés à la terrasse d'un bistrot en compagnie d'une bonne bière bien fraiche.

Et le soir, c'est l'apothéose, avec le grand bal populaire ouvert à tous, suivi de l'éblouissant et majestueux feu d'artifice.

Nous visitons aussi, les fêtes foraines de nombreux villages, ainsi qu'une multitude de concerts populaires.

Et pour certains d'entre nous, « *les aoûtiens* » qui attendons notre tour avec impatience et empressement, il nous reste les incontournables barbecues du week-end que nous savourons avec nos voisins ou amis, en attendant le grand jour.

Même dans nos bureaux, l'atmosphère est bien différente, nous sommes plus souriants et décontractés et peut-être aussi un peu moins assidus à la tâche.

Oui, toi l'été ! Tu nous changes, tu nous métamorphoses, tu nous bonifies et nous rends meilleurs, nous devenons plus affables et attentionnés et c'est toi et toi seul qui en est la cause, car tu nous apportes ce bienfait qui révèle le meilleur de nous-mêmes, parfois bien caché au fond de nous et que l'on hésite à montrer par cette absurde pudeur qui nous semble synonyme de faiblesse.

Pourquoi sommes-nous comme cela ? Pourquoi nous, les humains, avons cette aberrante et stupide attitude envers nos semblables, pourquoi cet absurde et inepte comportement sans raison valable ?

Ne serions-nous pas plus avisés et habiles en exhibant sans cette illogique retenue notre bon côté ?

Oui ! Cent fois oui, bien entendu, mais notre fierté ou notre peur de dévoiler nos bons sentiments, nous empêchent le plus souvent d'être nous-mêmes, puisque nous courons le danger d'être dévoilés et considérés comme des êtres faibles, bonasses ou faiblards face à de redoutables et impitoyables êtres féroces qui ne vont pas hésiter à nous piétiner ou nous humilier à la moindre de nos défaillances.

Quelle idiotie, quelle torpeur, quel manque de clairvoyance ! Il n'y a que nous les humains, pour agir de la sorte. Quelquefois c'est à désespérer de l'humanité.

Pourtant, nous avons plus que n'importe quel résident de notre planète, les capacités nécessaires pour réfléchir et discerner les bonnes ou mauvaises attitudes, mais nos conduites démontrent avec une abismale et évidente sottise que nous sommes loin d'être le fleuron de notre civilisation.

Oui, toi l'été, tu nous apprends tout cela et bien plus, car tu nous obliges à nous défaire de ce voile de pudeur et de timidité, en corrigeant ne serait-ce que pour un court moment, ces merveilleuses semaines que tu nous consacres avec tant de bienveillance chaque année.

3

Automne

Vingt-deux septembre, voici l'automne ! Le doux et apaisant automne, fini les courses effrénées, fini de jouer les pimpants et impétueux gracieux, nous pouvons enfin ôter nos ridicules masques de coquets et brillants seigneurs qui nous allaient si mal.

Terminé aussi les faux-semblants et les seyants maquillages d'adorables poupées « *Barbie* ».

Nous allons nous poser et prendre le temps d'admirer cette féerie de couleurs arborée par les feuillages que nous offrent les innombrables essences des arbres de nos forêts.

Et nous allons sillonner les merveilleux et paisibles sentiers mœlleux, comme en apesanteur sur une épaisse moquette de feuilles.

Admirez cette douceur, elle est partout, l'air encore tiède nous caresse les joues avec délice et nous sentons une douce vague nous emmener bien au-delà de nos rêves.

C'est cela l'automne !

Alors, après s'être rassasiés et avoir comblé jusqu'à la plus infime cellule de notre corps de bienfaisantes vitamines A, C, D. et des faveurs de l'été, nous sommes prêts, frais et disponibles pour affronter cette nouvelle saison, qui va maintenant nous calmer en nous offrant son inégalable apaisement et douce pondération nécessaire à notre bien-être.

Ce bien-être si nécessaire à notre équilibre, qui nous apporte la santé, la réussite, qu'elle soit économique ou sociale, l'harmonie et le plaisir.

Et, bien entendu, c'est l'automne qui va nous offrir cette tranquillité et cette paisible et sereine harmonie.

Pour chacun, c'est la rentrée.

Pour nous, les adultes, qui allons retrouver nos habituelles tâches et nos collègues de travail, et reprendre notre rassurante routine, mais aussi et surtout pour nos enfants qui vont se ruer avec exaltation sur les rayons des nouvelles fournitures scolaires.

Avec un mélange de joie, de nostalgie et d'inquiétude, puisqu'ils vont changer de classe et pour eux, c'est un saut dans l'inconnu, un changement de taille, de locaux, de maîtres ou professeurs, de nouvelles habitudes et de nouveaux amis.

Oui, cela fait beaucoup de nouveautés et pour nos descendants, un véritable bouleversement.

Ne soyons pas trop sévères d'emblée, laissons-les prendre leurs marques et assimiler avec douceur entre eux, leur nouvel environnement, pour la plupart, ils vont très vite s'acclimater et apprivoiser le chambardement.

Pour les plantes et les animaux, ce sont aussi les temps du repli, parce qu'il faudra engranger des forces pour passer l'hiver qui ne tardera pas à pointer le bout de son nez.

Concernant les animaux autochtones, chacun va se constituer sa propre réserve et la garder bien à l'abri dans son gite, son terrier ou sa tanière où il va se calfeutrer pendant les longs mois d'hiver.

Certaines espèces d'oiseaux vont quant à elles, migrer pour des climats plus favorables, mais seulement les plus résistantes, car cela nécessite beaucoup d'énergie, que de parcourir parfois des milliers de kilomètres.

Quant aux insectes, la plupart du temps ils vont déposer leurs œufs sous forme de cocons dans le sol ou dans une quelconque cavité pour attendre les beaux jours.

Comme il est plaisant de flâner dans nos parcs et sous-bois et respirer cet air qui nous apporte cette apaisante douceur, qui nous berce doucement et nous enrobe d'une placide sérénité, après ces mois d'impétueux et incessants périples.

Oui ! Que c'est bon de ressentir désormais notre corps se détendre et retrouver cette sorte de douce sédation qui parcourt avec calme et ataraxie nos veines et vaisseaux.

Et nous sommes parfois surpris d'avoir enfin le temps de réfléchir et de penser.

Oui, automne ! Tu nous apportes la sérénité, cette douce sensation qui nous était étrangère depuis des longues semaines, lorsque nous vivions dans un perpétuel tourbillon.

Nous allons reprendre avec un certain délice cette vie de paisible douceur, avec nos bons vieux réflexes et nos insistantes habitudes que nous avions pourtant fui avec empressement il y a de cela peu de temps.

L'automne est aussi la saison des plantations et ce n'est pas nouveau. Depuis toujours, c'est à cette époque que l'on s'affaire dans les champs et les bergers, car les végétaux plantés en automne, vont démarrer et s'épanouir beaucoup plus vite dès les beaux jours.

Ils ont eu le temps de développer des racines avant l'hiver et de ce fait sont plus à même de résister aux rigueurs de l'été et du manque d'eau.

Mais n'attendez pas trop, car à partir de novembre, les sols deviennent trop froids et le risque de gel conduirait inexorablement à l'échec.

Il est judicieux et même indispensable d'attendre le début du printemps.

Si l'automne est la saison des semis et plantages, elle est tout d'abord celle des récoltes, des pommes reinettes et poires, mais aussi des pommes de terre et bien d'autres légumes, comme les potirons, les citrouilles, les betteraves rouges ou les oignons. C'est également dans le sud, celles des olives et amendes.

Et bien entendu, comment oublier les vendanges !

Il faut savoir qu'en France, les vignerons ne peuvent pas décider de la date de récolte du raisin, c'est l'INAO (Institut National de l'origine et de la qualité) qui va la fixer.

L'institut détermine la date de récolte de chaque région, en fonction de la teneur en sucre du raisin, qui peut varier sensiblement et aura lieu entre fin août et fin octobre.

Par où commencer pour décrire les vendanges ?
Nous savons tous qu'elles remontent à l'Antiquité, et que depuis les temps ancestraux, la vigne, d'abord comme plante sauvage puis améliorée par de multiples techniques de greffe, nous donne cette boisson appréciée depuis toujours des humains.

Le vin. Ce singulier breuvage, a toujours joué un rôle fondamental dans de nombreuses pratiques religieuses, car pour certaines croyances, il était la boisson des dieux.
Il y aurait tant de choses à dire sur cette séculaire boisson, si prisée par tous et à toutes les époques, elle

est bien plus qu'une simple potion, car elle fait partie de l'histoire de l'humanité.

Depuis sa découverte, il n'a jamais cessé d'être consommé, il est toujours présent sur nos tables, car il est synonyme de fête, de joie et de plaisir.

Aujourd'hui, nous avons à notre disposition de nombreuses boissons alcoolisées ou non et l'on doit se préserver de ses néfastes effets sur notre organisme et notre comportement, mais dans les temps anciens, il était le roi de la table, prisé, apprécié et estimé par tous, aussi bien dans les fastueux banquets des grands seigneurs que dans la plus misérable des auberges.

Je ne vais surtout pas m'aventurer dans la description ou les extraordinaires qualificatifs que l'on lui attribue,

allant des grands crus jusqu'à la simple piquette, des rouges, des rosés des blancs et du plus que fameux champagne.

4

Hiver

Redouté par certains, ou attendu avec impatience par d'autres, te voilà, toi l'hiver.

Ce n'est pas une surprise, parce que nous savions que tu finirais par arriver, c'était seulement une question de temps, comme les autres saisons, tu es programmé et tu ne manques jamais tes rendez-vous.

Tu es sérieux, austère et adulte, et nous pouvons sans la moindre cautèle te faire confiance.

Chacun va s'adapter et prendre ses justes mesures et dispositions, puisqu'il va bien falloir faire face à cette rigueur que tu détiens, qui te suit comme ton ombre et que tu vas nous imposer, qu'elle nous plaise ou non.

Et nous pouvons même penser que tu y mets une certaine dose de sadisme et de perversion.

Tes journées deviennent de plus en plus courtes, le manque de luminosité altère considérablement notre moral, même lorsque le Soleil se hasarde à faire son apparition, celle-ci est toujours de courte durée et ces rayons ne nous réchauffent plus suffisamment puisqu'il passe très bas sur l'horizon et lorsqu'ils nous atteignent, leur chaleur est considérablement amoindrie.

Et ne nous plaignons pas, puisqu'à nos latitudes, nous pouvons dire que nous sommes gâtés.

Que peuvent dire les « *Inuits* » qui côtoient les régions polaires, où le jour dure à peine quelques heures, pour ne pas dire l'hiver polaire, qui lui dure vingt-quatre heures ?

Cette population autrefois nomade, s'est aujourd'hui sédentarisée.

Nous parlons là des extrêmes, bien entendu, puisque dans nos régions, tu es beaucoup plus clément, même si tu mets nos corps et nos ressources à rude épreuve.

Nous devons impérativement nous adapter à cette nouvelle façon de vivre, car bien entendu, ta ténacité nous oblige à changer radicalement notre mode de vie, pour nous préserver de tes hostiles températures négatives, qui vont s'acharner sur notre organisme et l'affaiblir par toutes sortes de ces maux tels que le rhume, ou plus sévère, la grippe, avec toute sa horde de graves complications en particulier pour les personnes âgées ou faibles.

Avec tes chutes de neige ou formations de verglas, qui vont envahir notre entourage, nos rues et nos routes et rendre nos déplacements plus que hasardeux.

Il ne nous reste plus qu'à nous calfeutrer et mettre nos activités en léthargie.

Que t'avons-nous fait pour mériter cela ?

Mais fais-nous confiance, nous n'allons pas nous laisser faire aussi facilement.

Pour nous, les humains, pourvus paraît-il d'une « *intelligence débordante* », tu ne nous poses pas vraiment de problèmes, en tout cas pas de soucis vitaux, puisque depuis longtemps, nous avons su faire face à tes incessantes attaques en construisant des habitats confortables et douillets, bien que nous ayons tendance à oublier trop souvent le mot « *solidarité* » en ignorant le sort de certains de nos anciens qui doivent affronter ta rigueur dans les rues, avec leurs maigres moyens.

Malgré cette dernière remarque, de laquelle nous ne pouvons t'accabler, puisqu'elle est entièrement de notre faute, nous pouvons patienter avec une certaine tranquillité.

Nous avons les moyens d'attendre les beaux jours avec quiétude, dans une certaine opulence, confort et bien-être.

Bien entendu, tu te venges lorsque nous essayons de quitter notre nid douillet et que nous sommes obligés de faire face à nos indispensables obligations en empruntant nos moyens de locomotion.

Il faut dire que tu fais preuve d'imagination, tu ne nous épargnes rien : le vent glacial, la pluie, la neige, le verglas, qui rendent pénible et éprouvant le moindre de nos déplacements.

Et il faut avouer que parfois, tu mets du cœur à l'ouvrage, on pourrait même dire que tu t'en délectes.

Mais nous n'allons pas te blâmer davantage, car nous devons reconnaître que tu nous apportes aussi de bonnes choses.

Pour nos enfants, tu es toujours le bienvenu.

Quelle merveilleuse féerie lorsque tu recouvres nos parcs et jardins de ton immaculé manteau blanc, que tu déposes le plus souvent la nuit, pour que la surprise soit totale à leur réveil.

Pour nos chers bambins, c'est un immense terrain de jeu que tu leur offres et ils vont se repaître avec la plus grande exaltation et joie.

Quel ravissement de les voir s'enivrer avec ardeur et enthousiasme, nous devons admettre sur ce coup-là que tu marques des points.

Et nous sommes ravis de voir leurs yeux émerveillés lorsqu'ils découvrent, cette sensationnelle prouesse que tu as réalisé pour eux pendant leur sommeil.

Commence alors, la classique mais toujours merveilleuse, bataille de boules de neige, et bien entendu, on va fabriquer le plus beau des bonshommes, puis le déguiser de la manière la plus drôle et imaginative possible.

Ou bâtir son igloo, qui est aussi un des jeux préférés des enfants.

Et puis tant d'autres jeux que l'on invente et avec lesquels on se délecte sans fin.

Mais pour certains d'entre nous, les adultes, tu es aussi un bien agréable bienfaiteur.

Tu nous permets de nous régaler de ces vacances d'hiver à la montagne et pour grand nombre d'amateurs, tu apportes de désopilantes distractions que l'on peut pratiquer seuls ou en famille.

Alors oui ! Finalement, nous t'aimons hiver, tu es nécessaire à notre équilibre et celui de la planète.

Tu autorises le repos et la régénérescence des terres, elles en ont besoin également tout comme toute chose ou tout être, si l'on veut que le magnifique cycle de la vie continue à se perpétuer inlassablement.

Et puis, tu apportes aussi ton foisonnement de fêtes pour petits et grands.

Comment ne pas parler de Noël, si cher à nos enfants ?

Permettez-moi de jouer un peu le grincheux, car cette

fête qui est d'une importance primordiale pour les chrétiens, a totalement été détournée et convertie en une débauche commerciale, avec le fameux Père Noël, venu sans vergogne substituer et prendre la place de notre belle tradition.

Alors, il nous reste le trente-et-un décembre et le jour de l'An pour nous permettre de nous réconcilier et de repartir du bon pied pour une nouvelle année.

5

Vingt-et-un mars, ah, te revoilà !

— J'étais certain que tu reviendrais, j'aurais pu le jurer.
car je sais parfaitement que tu n'es pas un lâcheur, tu n'es pas comme cela ! Tu aimes juste te faire désirer, pas vrai ? Tu adores te faire attendre et nous faire languir.

Sa majesté aime les sollicitudes et les flatteries, car c'est un noble, un peu hautain et capricieux, pas toujours simple à saisir mais tellement affriolant et irrésistible !

Comment lui en vouloir ? Comment le blâmer ou le décrier ? Lui qui nous comble et nous satisfait de ses mille prodiges avec ses inégalables vicissitudes qui nous font l'apprécier et l'admirer au point de lui pardonner tous ses caprices ?

Printemps, on y va, nous sommes prêts, c'est quand tu veux !

FIN.

Du même auteur

—**Notre petite Maison dans la Prairie**
(Récit autobiographique)
— **Les dessous de Tchernobyl**
(Roman)
— **Le Piège**
(Roman)
— **Amitiés singulières**
(Amitiés Amour et Conséquences)
(Roman)
— **Nature**
(Récit)
— **La loi du talion**
(Roman)
— **Le trésor tombé du ciel**
(Roman)
– **Prisonnier de mon livre**
(Récit)
— **Sombres soupçons**
(Roman)

Biographie :

Jose Miguel Rodriguez Calvo
né à «San Pedro de Rozados»
Salamanca (Castille) Espagne
Double nationalité franco-espagnole
Résidence : France

Del mismo autor
Publicaciones en Castellano

49

— **Perdido**
  (Novela)
— **Tierra sin Vino**
  (Novela)
— **El tesoro caído del Cielo**
  (Novela)

Biografía:

Jose Miguel Rodriguez Calvo
Natural de «San Pedro de Rozados»
(Salamanca) España
Doble nacionalidad hispanofrancesa
Residencia: (Francia)

jose miguel rodriguez calvo